蛋糕、麵包、布丁到甜湯
STAUB 小鍋陪你做美味甜點，一人一鍋輕鬆上桌

Making desserts in STAUB

用小鑄鐵鍋做甜點

鈴木理惠子 著

連雪雅 譯

前言

來自法國的琺瑯鑄鐵鍋「STAUB」，

1974年誕生於法國的阿爾薩斯 (Alsace)，

沉穩厚實的它是由米其林三星廚師保羅博古斯 (Paul Bocuse)等

諸位廚師聯手打造的鍋具。

讓家常菜有如施了魔法般變得美味的鑄鐵鍋，

除了專業廚師，現已成為世界各地愛用的廚具。

本書主要介紹的是使用STAUB中

較小尺寸的鍋子來製作的甜點食譜。

小尺寸的鑄鐵鍋適合人數少的小家庭，

顏色款式豐富，讓甜點看起來更顯可愛。

書中也同時收錄有好幾道活用鑄鐵鍋特性，添加豆腐或豆渣的健康獨創食譜，

若本書能成為各位使用鑄鐵鍋時的常用食譜，

我也將感到非常開心。

鈴木理惠子

STAUB鑄鐵鍋是製作甜點的利器

STAUB 鑄鐵鍋外型優美，直接端上桌看起來就很賞心悅目。擁有多種尺寸與造型，美麗的外觀自然吸引了眾多愛好者收集。當然，鍋子本身的實用性也不容小覷，所以才會獲得許多料理專家的青睞，成為他們的愛用鍋。儘管適合烹飪肉、魚或蔬菜料理的功能未必適合甜點的製作，但 STAUB 鑄鐵鍋所具備的多項特徵中，有好幾項就能幫助你我做出美味的甜點，以下為各位簡單地說明。

琺瑯鑄鐵鍋的熱傳導性

STAUB 是一種琺瑯鑄鐵鍋。琺瑯鑄鐵是指在金屬表面塗上玻璃質的釉燒製而成的物品。這種鍋具比起不鏽鋼鍋，熱傳導率高出三倍以上，傳熱性佳為特徵。尤其是小火加熱的時候，鍋子能夠均勻受熱，以隔水加熱方式蒸烤的布丁或蛋糕，

完成後質地極為滑嫩。此外，利用其良好的保溫、保冷性，可以在最適當的溫度享用甜點。包含 IH 調理爐在內的加熱器具（微波爐除外）皆適用，相當方便。

黑搪瓷加工

鑄鐵鍋的內側摸起來粗粗的，那稱為黑搪瓷加工。在鑄鐵鍋表面噴塗琺瑯漆高溫燒製，這樣的步驟要重複三次，最後形成霧面的黑搪瓷。麵糊倒入鍋中不易沾鍋，先鋪上烤盤紙或是不塗奶油也能輕鬆倒出蛋糕，直接將材料下鍋混合攪拌、蒸烤也沒問題。

鍋蓋背面的突起顆粒「原味釘點」會促進鍋內的蒸氣循環

加熱後鍋內產生的水蒸氣會聚集在鍋蓋背面的突起顆粒「原味釘點」，然後回流至食材。因此，像是烤蘋果或糖煮水果（compote）等烹調時需要封存水分的甜點，就能派上用場。

密封性絕佳，做好後就能直接保存

厚實的鍋蓋具有極高的密封性，而且不易沾附氣味，蓋上鍋蓋就能保存甜點。不過，做好的甜點還是別放太久盡早吃完比較好。

使用STAUB鑄鐵鍋的注意事項

能夠世代傳承的 STAUB 鑄鐵鍋，只要正確使用、保養得宜就能持續久用。

由於內側是黑搪瓷加工處理，請避免使用尖銳的金屬烹調器具。14 cm 以上的圓鍋或 17 cm 以上的橢圓鍋，可直接將材料倒入鍋內，用手持式電動攪拌器或打蛋器、木匙混拌烹調。如此一來，之後要清洗的器具就會減少頗為省事，但請盡量不要使用金屬製的湯匙或叉子、鏟子刮，建議使用木製、矽膠製的烹調器具。

清洗鑄鐵鍋時，基本上是以海綿沾中性清潔劑用手刷洗，請避免使用洗碗機。

若有焦垢或黏住的焦漬，泡熱水一段時間後再洗，用乾淨的乾布擦乾水分，或是靜置使其自然乾燥。若是嚴重的焦垢，在鍋內裝熱水、加一大匙小蘇打粉，小火加熱。焦垢軟化後，等水變涼後使用沾了清潔劑的海綿輕輕刷洗。鍋身與鍋蓋的邊緣皆易生鏽，務必徹底乾燥再收納。尺寸相同的鑄鐵鍋，可將鍋蓋倒置重疊收納。

其他鍋具與裝飾物

本書主要是使用 10、14、16 cm 的圓鍋，以及 11、17 cm 的橢圓鍋。對獨居者或小家庭來說，這些尺寸的鑄鐵鍋除了做甜點，做菜也很方便。

書中也有介紹使用小長方形鍋與迷你雙耳圓烤盤的甜點作法，這兩種各自有不同於圓鍋、橢圓鍋的特徵，讓你製作甜點時更覺有趣。小長方形鍋可用來取代磅蛋糕模。淺底的迷你雙耳圓烤盤適合製作美式鬆餅等高度不高的甜點，做好後還能立即趁熱享用。不過，這兩種的鍋蓋背面皆無原味釘點，比起具保水度的甜點，更適合用來烤製需要蒸發多餘水分的甜點。

另外，以法國料理中常見的五種食材為設計元素的動物造型鍋蓋頭，可裝在鍋蓋頂端。鑄鐵鍋加熱後，鍋蓋頭會變得很燙，直接碰觸會燙傷。換成如此引人注目的鍋蓋頭，可減少發生不小心燙傷的情況。

Contents

Making desserts in STAUB

[本書通則]

＊烤箱或微波爐依機種不同而有所差異。
　蒸烤、加熱時間僅供參考，請讀者配合
　使用的機器自行調整時間。

＊一大匙 =15 ml、一小匙 =5 ml、一杯
　=200 ml。

＊材料所用的砂糖若無特別標示，基本上
　是使用精製細砂，也可用三溫糖等代替
　（買不到三溫糖時，可用二砂代替）。

＊生豆渣的含水量不一，就算未指定份量，
　讀者還是可用微波加熱來調整水分。

＊本書中提到的「手粉」是指製作點心時
　灑在手上或麵團上、桌面上防黏的粉，
　一般多是用高筋麵粉。

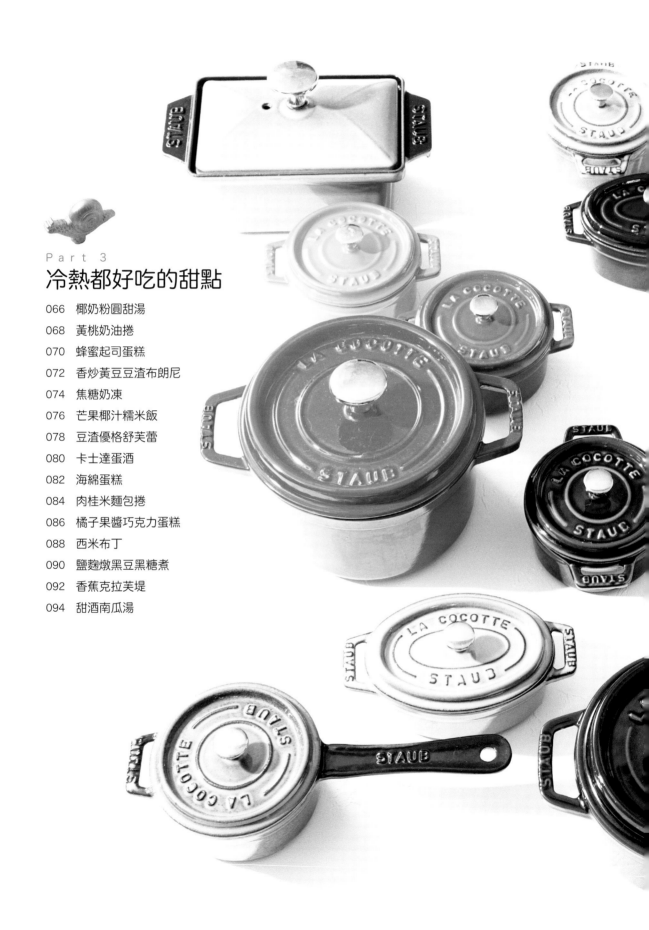

Part 3
冷熱都好吃的甜點

Part 1
Making desserts in STAUB

熱呼呼的甜點

鑄鐵鍋出色的熱傳導性與保溫性，
很適合製作趁熱品嚐最美味的甜點。
如果吃不完，只要蓋上鍋蓋放進冰箱，
想吃的時候重新加熱即可享用。

3人分

18cm 圓鍋

烤蘋果
Baked Apple

最後蓋上鍋蓋燜蒸的這道步驟，使味道均勻滲透入食材。
惟有使用保溫性佳的鑄鐵鍋才能完成這樣的美味呢。

ⓐ

ⓑ

ⓒ

（材料）

蘋果······················3個
砂糖······················3大匙
檸檬汁····················1大匙
紅酒······················1大匙
肉桂粉····················1小匙
肉桂棒····················3小根
無鹽奶油··················30 g
香草冰淇淋
············依個人喜好添加(約3匙)

（作法）

① 蘋果洗淨後挖掉芯，放進鍋中。…ⓐ

② 從挖掉芯的洞依序倒入砂糖、檸檬汁、紅酒、肉桂粉（每個蘋果各倒1/3的量），最後在洞上擺上奶油。…ⓑ

③ 蓋上鍋蓋，放進已預熱至200℃的烤箱烤40分鐘。

④ 自烤箱取出後，用湯匙舀汁均勻地澆淋蘋果，將肉桂棒插入洞內。…ⓒ

⑤ 蓋回鍋蓋，燜10分鐘。

⑥ 裝入容器，依個人喜好加上香草冰淇淋。

約6人份

17cm
橢圓鍋

烤鳳梨麵包布丁
Pineapple Brown Betty

這道作法簡單受歡迎的美國甜點，只要將材料重疊、烤一烤即可。
使用其他水果如蘋果或櫻桃等來做，一樣很美味。

ⓐ

ⓑ

ⓒ

（材料）

全麥吐司 ·······················2片
奶油 ···························50 g
鳳梨罐頭 ·······················1罐
砂糖 ··························1/2杯
鳳梨罐頭的糖水···············3大匙

（作法）

① 在鍋底與內壁塗上一層薄薄的奶油。

② 鳳梨罐頭的糖水留3大匙的量備用，其餘倒掉。將鳳梨切成方便入口的大小。···ⓐ

③ 將吐司切成骰子狀，一半鋪在鍋內，然後均勻灑上一半的鳳梨。

④ 灑入一半的砂糖，將一半的冰奶油撕成小塊擺在鳳梨上。···ⓑ

⑤ 依序疊放剩下的吐司、鳳梨、砂糖及奶油。···ⓒ

⑥ 把鳳梨罐頭的糖水均勻地澆淋在⑤的表面。蓋上鍋蓋，放進已預熱至170℃的烤箱烤20分鐘。接著拿掉鍋蓋，用200℃烤10分鐘，使表面上色。趁熱分裝到盤內。

約3人份

10㎝
圓鍋

豆腐湯圓芝麻糊
Sesame Shiruko with Tofu Dumpling

黑呼呼的芝麻糊裡滿是芝麻的營養。
以黑糖取代蜂蜜的甜味也很不錯！

ⓐ

ⓑ

ⓒ

（材料）

○豆腐湯圓
　糯米粉 ·························· 100 g
　嫩豆腐 ·························· 100 g
　鹽 ································ 1小撮

○芝麻糊
　黑芝麻醬 ······················ 100 g
　蜂蜜 ···························· 6大匙
　鹽 ······························ 2小撮
　牛奶 ···························· 600 ml
　太白粉 ·························· 1大匙
　水 ······························ 2大匙

○配料
　炒黑芝麻粒 ····················· 適量

（作法）

① 將豆腐湯圓的所有材料倒入調理碗內，搓揉至耳垂般的軟度。若有需要，可另外酌量加水。

② 另取一鍋倒入大量的水，煮滾後放進搓成小球狀的湯圓。待湯圓浮至水面1分鐘後，放進冷水中。···ⓐ

③ 把黑芝麻醬、蜂蜜、200 ml的牛奶倒入圓鍋，攪拌至呈現柔滑狀。···ⓑ

④ 接著加入剩下的牛奶與鹽混拌，以小火加熱，快煮滾前關火。···ⓒ

⑤ 太白粉加水調成粉漿，加進鍋內攪拌，使其變得黏稠。

⑥ 把ⓐ的豆腐湯圓等量放入容器內，慢慢倒入⑤，並灑上炒黑芝麻粒做裝飾。

約8人份

雙耳
圓烤盤

豆渣美式鬆餅
Okara Pancakes

剛烤好時鬆鬆軟軟，放涼後則變得像蛋糕一樣紮實。
盡情享用以豆渣製作、健康美味低負擔的美式鬆餅吧！

ⓐ

ⓑ

ⓒ

（材料）

原味優格 ·················約180 g
　　（瀝除水分後100 g左右）
低筋麵粉 ····················· 80 g
生豆渣 ························· 30 g
泡打粉 ·························1小匙
砂糖 ····························· 40 g
牛奶 ····························· 50 cc
澄清奶油 ····················1大匙
蛋 ································· 2個
水果、鮮奶油、糖粉等
············ 依個人喜好酌量添加

（作法）

① 在圓烤盤內側塗上一層薄薄的奶油，低筋麵粉用濾茶網篩入（奶油與低筋麵粉皆另外準備）。

② 網篩內鋪上咖啡濾紙或廚房紙巾，放入優格，靜置6小時以上瀝除水分。

③ 分開蛋白與蛋黃，蛋白加入20 g砂糖攪打成蛋白霜。如圖所示，打至用打蛋器舀起可拉出挺立尖角即可。···ⓐ

④ 蛋黃加入20 g砂糖拌勻，接著將②、牛奶和豆渣加入混拌。再依序倒入澄清奶油、已混合且過篩的低筋麵粉和泡打粉，大略混拌。···ⓑ

⑤ 將1/3的蛋白霜加進④裡拌勻，剩下的分兩次慢慢加入，用橡皮刮刀大略混拌。···ⓒ

⑥ 把⑤倒入圓烤盤內，放進已預熱至180℃的烤箱烤20分鐘。最後依個人喜好，搭配水果或鮮奶油、糖粉等食用。

約6人份

14cm 圓鍋

薑汁香料布丁
Spiced Ginger Pudding

邊吃邊吹涼,適合冷天暖暖吃的熱布丁。
薑與香料的絕妙搭配,風味俱佳的經典英式點心。

ⓐ

ⓑ

ⓒ

（材料）

橘子果醬	100 ml
薑泥	1大匙
低筋麵粉	1/3杯
泡打粉	1/2小匙
奶油	40 g
砂糖	40 g
蛋	2個
牛奶	140 ml
糖蜜或黑糖蜜	2大匙
多香果粉、丁香粉、肉豆蔻粉	各1小撮
香草精	2〜3滴
什錦穀麥	依個人喜好酌量添加

（作法）

① 橘子果醬和1/2大匙的薑泥拌勻後,薄薄地塗在鍋底與內壁。…ⓐ

② 低筋麵粉、泡打粉、香料粉及鹽混合、過篩備用。

③ 將置於室溫回軟的奶油用打蛋器打發,再加入砂糖攪拌至變白的狀態。把退冰至室溫的蛋逐一打入拌勻,依序加入糖蜜、香草精、剩下的薑泥攪拌。

④ 把一半的②與70 ml退冰的牛奶倒入③內,剩下的②和③分兩次倒入混拌。…ⓑ

⑤ 將④倒入鍋內、整平表面,不加蓋放進已預熱至190℃的烤箱烤5分鐘。…ⓒ

⑥ 再加蓋烤15分鐘,取出後燜5分鐘。趁熱舀進容器內,依個人喜好加入什錦穀麥。

2人份

11cm 橢圓鍋

豆渣堅果巧克力千層糕
Okara Nuts Chocolate Lasagne

Q彈的餃子皮之間散發出豆渣、堅果與融化巧克力的香味。
這道份量十足的美味甜點，烤好後要趁熱品嚐喔！

ⓐ

ⓑ

ⓒ

（材料）

餃子皮	12片
巧克力	120 g
鮮奶油	50 cc
白蘭地	1大匙
蜂蜜	1大匙
核桃等個人喜愛的堅果 合起來1杯的量	
生豆渣	1/2杯
牛奶	1/3杯

（作法）

① 將切碎的巧克力和鮮奶油一起隔水加熱，使其融化。再加入白蘭地混拌。

② 生豆渣放入耐熱容器中，不加蓋以強火微波加熱1分鐘，蒸發多餘水分。

③ 堅果稍微炒過後大略切碎，和②、蜂蜜混合。…ⓐ

④ 鍋內塗上薄薄一層奶油（材料份量外），餃子皮逐一沾牛奶，2片2片鋪排在鍋底。取①的1/6分量均勻抹平，灑上1/6的③。…ⓑ

⑤ 再重複一次④的步驟，最後放上餃子皮，鋪擺剩下的①和③。…ⓒ

⑥ 蓋上鍋蓋，用烤箱烤10分鐘，拿掉鍋蓋，烤至表面上色，再加蓋燜10分鐘。

約8人份

16cm 圓鍋

櫻桃豆渣餡餅
Cherry Okara Cobbler

沒用到油卻還是好吃的秘密，
就在於奶酥與餡料中加了豆渣及豆腐！

ⓐ

ⓑ

ⓒ

（材料）

○奶酥

燕麥片 ·········· 2/3杯

低筋麵粉 ·········· 1/2杯

乾豆渣 ·········· 1/4杯

嫩豆腐 ·········· 80 g

砂糖 ·········· 3大匙

鹽 ·········· 2小撮

○填餡

糖漬櫻桃 ·········· 1罐

蘋果 ·········· 2個

乾豆渣 ·········· 1/4杯

蜂蜜 ·········· 3大匙

小豆蔻粉 ·········· 1/2小匙

檸檬汁 ·········· 2大匙

白酒 ·········· 2大匙

（作法）

① 將奶酥的所有材料拌合成碎沙粒狀，放進冰箱冷藏備用。···ⓐ

② 填餡部分除了乾豆渣，其餘材料全倒入鍋中，蓋上鍋蓋，中火加熱15分鐘。

③ 接著把乾豆渣加入②拌勻。···ⓑ

④ 把①均勻攤平於③的上方，不蓋鍋蓋，放進已預熱至200℃的烤箱烤15分鐘。···ⓒ

⑤ 蓋回鍋蓋，再烤5分鐘。

約6人份

小長方形鍋

美式豆腐玉米麵包
Tofu Corn Bread

充滿玉米香甜滋味的速成麵包，
吃起來香滑軟Q，口感十足。

ⓐ

ⓑ

ⓒ

（材料）

玉米粉······150 g
低筋麵粉······150 g
鹽······1/2小匙
泡打粉······1小匙
蜂蜜······3大匙
澄清奶油······30 g
嫩豆腐······100 g
蛋······1個
玉米醬罐頭······1罐
（約190 g左右）

（作法）

① 將退冰的蛋打入調理碗內打散，加入嫩豆腐，用打蛋器混拌至柔滑狀。…ⓐ

② 接著加入澄清奶油、蜂蜜、玉米醬拌勻。…ⓑ

③ 把玉米粉、低筋麵粉、鹽和泡打粉混合，加進②裡混拌。…ⓒ

④ 在鍋內塗上薄薄一層奶油，或是鋪上烤盤紙，倒入③。

⑤ 放進已預熱至190℃的烤箱烤30分鐘。過程中若發現表面略呈焦黃，請蓋上鍋蓋。

⑥ 拿竹籤插進麵包，沒有沾附麵糊的話即可從烤箱取出。

約3人份

10cm 圓鍋

百果餡派
Mince Pie

英國人過聖誕節時最愛吃的甜點！
製作時，建議不要使用熱帶水果的綜合果乾喔。

ⓐ

ⓑ

ⓒ

（材料）

無鹽奶油	80 g
生豆渣	30 g
低筋麵粉	150 g
杏仁粉	50 g
砂糖	50 g
鹽	1小撮
蛋黃	1個
蜂蜜	1大匙
綜合果乾	100 g
萊姆酒	適量

核桃、杏仁、腰果等
　　　依個人喜好混合1杯的量
肉桂、多香果（Allspice）、丁香
　　　各2小撮
蛋液　適量

（作法）

① 將果乾裝進瓶內，倒入蘭姆酒，剛好蓋過果乾表面即可，靜置1天至1週。取出果乾，和大略切碎的堅果及蜂蜜混拌。…ⓐ

② 在調理碗內倒入低筋麵粉、杏仁粉、砂糖和鹽，再加入切成小塊的冰奶油。

③ 用指腹搓拌奶油與粉類，揉勻成細沙粒狀後，加蛋黃和生豆渣混拌成團。包上保鮮膜，放進冰箱約1小時。

④ 把③放在灑了手粉的砧板上，用擀麵棍擀成厚約5 mm的派皮，切成3片比鍋身大一圈的

圓形派皮，以及3片和鍋身一樣大的圓形派皮（用杯子或盤子會更容易操作）。以餅乾壓模在當作上蓋的派皮中心壓洞。

⑤ 將較大的圓形派皮鋪入鍋內，用手指推壓讓派皮貼合鍋壁。用湯匙將①舀入鍋內，擺上和鍋身一樣大的圓形派皮。…ⓑ ⓒ

⑥ 表面刷塗蛋液，放進已預熱至180℃的烤箱烤20分鐘。

＊加了豆渣的麵團不易擀薄，充分冷藏後要盡快擀開。

＊品嚐時，如用烤箱回烤會更加美味。

約8人份

雙耳
圓烤盤

焗烤水果盤
Fruits Gratin

卡士達醬的濃醇襯托出水果的酸甜滋味。
使用鑄鐵鍋，就連中心都能均勻烤透！

ⓐ

ⓑ

ⓒ

（材料）

蛋黃	3個
砂糖	40 g
鮮奶油	50 cc
牛奶	100 cc
冷凍綜合莓果	1杯
香蕉	1根
奇異果	1個
檸檬汁	1大匙
白酒	1大匙
長棍麵包片	8片
糖粉	適量

（作法）

① 蛋黃與砂糖倒入調理碗內攪拌至變白的狀態，再加牛奶拌勻。

② 另取一碗，將鮮奶油攪打至八分發，加進①裡混拌。…ⓐ

③ 香蕉、奇異果去皮，切成方便入口的大小，和綜合莓果一起放進鍋中，倒入檸檬汁與白酒混拌。…ⓑ

④ 沿著鍋壁塞入長棍麵包片。

⑤ 把②澆淋在水果上，不蓋鍋蓋，放進已預熱至170℃的烤箱烤20分鐘。…ⓒ

⑥ 從烤箱取出，用濾茶網在表面篩灑糖粉。

約8人份

17 cm
橢圓鍋

棉花糖烤豆渣地瓜
Okara Sweet Potato Casserole

這道甜點是美國感恩節不可或缺的晚餐料理，
本書的作法還加入了豆渣，美味又健康。

ⓐ

ⓑ

ⓒ

（材料）

○內餡

地瓜（預先加熱）…… 中型2條

生豆渣 …………………………1杯

三溫糖（可用二砂代替）

………………………………1/2杯

無鹽奶油 ………………… 50 g

牛奶………………………100 cc

蛋 …………………………1個

鹽 ………………………1小撮

肉桂粉 ……………………1小匙

香草精 ………………… 3～4滴

蘭姆酒 ……………………1大匙

○配料

低筋麵粉 …………………1/2杯

三溫糖（可用二砂代替）

………………………………2大匙

沙拉油 ……………………1小匙

水 …………………………1小匙

小棉花糖 …………………1杯

（作法）

① 將內餡的所有材料倒入鍋中，用搗泥器等壓爛拌合後，整平表面。…ⓐ

② 配料部分除了小棉花糖，其餘材料全倒入調理碗內，用指腹搓拌成細沙粒狀的奶酥。…ⓑ

③ 把②鋪平在①的左右兩側（各佔表面的1/3）。

④ 中央擺上小棉花糖。…ⓒ

⑤ 不蓋鍋蓋，放進已預熱至170℃的烤箱烤15分鐘。待棉花糖略呈焦黃，蓋上鍋蓋再烤15分鐘。

約4人份

迷你單柄
醬汁鍋

白巧克力&牛奶巧克力鍋
White & Milk Chocolate Fondue

活用鑄鐵鍋的絕佳保溫性,只靠餘熱就能持續融化巧克力。
這樣一來上了餐桌也不必繼續加熱,即可輕鬆享用美味的巧克力鍋。

ⓐ

ⓑ

ⓒ

（材料）

白巧克力	80 g
牛奶巧克力	80 g
牛奶	80 cc
白蘭地	1小匙
香蕉片	適量
奇異果	適量
棉花糖	適量
洋芋片	適量
長棍麵包（切成方便入口的大小）	適量

（作法）

① 兩種巧克力各自切碎。…ⓐ
② 準備兩只醬汁鍋,分別倒入40 cc的牛奶,加熱至60℃左右後關火。
③ 將切碎的兩種巧克力各自放入鍋中,攪拌使其融化。…ⓑ
④ 在放了牛奶巧克力的鍋裡加入白蘭地混拌。…ⓒ
⑤ 用自己喜歡的水果沾取享用。

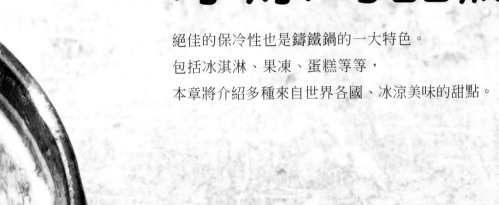

Part 2
Making desserts in STAUB

冰涼的甜點

絕佳的保冷性也是鑄鐵鍋的一大特色。
包括冰淇淋、果凍、蛋糕等等，
本章將介紹多種來自世界各國、冰涼美味的甜點。

約6人份

14cm
圓鍋

番茄冰沙
Tomato Sorbet

活用鑄鐵鍋的保冷性，
在番茄的盛產季，試著用熟透的番茄做做看吧！

ⓐ

ⓑ

（材料）

番茄罐頭 ……………………………1罐
蜂蜜 …………………………………4大匙
砂糖 …………………………………2大匙
檸檬汁 ………………………………2大匙

（作法）

1 將所有材料倒入鍋內。

2 用手持式電動攪拌器攪打約1
　分鐘（攪拌時間自行斟酌，攪
　打至喜歡的滑順程度）。…ⓐ

3 蓋上鍋蓋，放進冰箱冷凍。

4 2小時後取出，用湯匙均勻攪
　鬆，再放回冰箱冷凍。

5 重複④的步驟1～2次。…ⓑ

約8人份
18cm 圓鍋

櫻花豆腐生起司蛋糕
Sakura Tofu No Bake Cheese Cake

加重鹹味可突顯櫻花的香氣，
為了平衡美味與健康，特別加入豆腐，讓身體不會有太大負擔。

ⓐ

ⓑ

ⓒ

（材料）

豆腐	150 g
奶油起司	200 g
鮮奶油	100 cc
砂糖	70 g
鹽	1/2小匙
鹽漬櫻花	10朵
吉利丁粉	10 g
水	1大匙
檸檬汁	1大匙
白酒	1大匙
★ 水	50 cc
吉利丁粉	2 g

（作法）

1. 將鹽漬櫻花泡水2小時後，倒掉水、用餐巾紙等擦乾水分。把水、檸檬汁和白酒倒進耐熱容器內，灑入吉利丁粉，使其脹發。…ⓐ

2. 另取一乾淨的碗，將鮮奶油打至八分發，放進冰箱冷藏備用。

3. 脹發的吉利丁粉以不會沸騰的溫度微波加熱，使其完全溶解。

4. 用手持式電動攪拌器等把豆腐、奶油起司、砂糖、2朵鹽漬櫻花及鹽攪打成柔滑狀，再加③拌合。…ⓑ

5. 將④倒入鍋內，剩下的8朵鹽漬櫻花排放於表面。把★的水和吉利丁粉混合，加熱溶解成吉利丁液後，淺淺地淋在表面。…ⓒ

6. 蓋上鍋蓋，放進冰箱冷藏凝固。

約3人份

11cm 橢圓鍋

豆腐巧克力慕斯
Tofu Chocolate Mousse

在柔軟滑順的巧克力慕斯下
鋪滿富口感的可可餅乾。

ⓐ

ⓑ

ⓒ

（材料）

嫩豆腐	150 g
豆漿	100 cc
鮮奶油	100 cc
砂糖	30 g
吉利丁粉	8 g
水	50 cc
含糖可可粉	2大匙
純可可粉	1大匙
黑巧克力	50 g左右

（約為1塊板狀巧克力）

蘭姆酒	1小匙
可可餅乾	8片
澄清奶油	1大匙

發泡奶油
………依個人口味喜好酌量添加
無花果乾片
………依個人口味喜好酌量添加

（作法）

1 將吉利丁粉用水溶解。把可可餅乾切碎，拌入澄清奶油後，鋪壓在鍋底，連鍋放進冰箱冷藏。…ⓐ

2 在有深度的耐熱容器內倒入嫩豆腐、豆漿、含糖可可粉、純可可粉，用手持式電動攪拌器攪打至滑順。接著加入切成小塊的黑巧克力、砂糖及蘭姆酒，以強火微波加熱1～2分鐘，以融化巧克力。

3 把①的吉利丁水倒入②裡攪溶，用細網眼的濾網過濾，攪至變稠後放進冰箱冷藏。…ⓑ

4 另取一調理碗，將鮮奶油打至九分發（舀取打發的鮮奶油會有挺立的尖角狀態），接著加進③裡輕輕混拌。…ⓒ

5 將④等量倒入鍋內，蓋上鍋蓋，放進冰箱冷藏凝固。最後依個人口味喜好擠發泡奶油或是放果乾裝飾。

約8人份
雙耳圓烤盤

卡桑底必土耳其牛奶布丁
Kazandibi

軟綿香濃的牛奶味令人忍不住一口接一口！
味道神似米布丁的土耳其夢幻甜點，冰鎮後十分消暑。

ⓐ

ⓑ

ⓒ

（材料）

★	上新粉（可用蓬萊米粉替代）	35 g
	玉米粉	30 g
	砂糖	80 g
	牛奶	500 cc
	香草精	3～4滴
無鹽奶油		10 g
糖粉		20 g

（作法）

1. 將置於室溫回軟的奶油均勻塗抹在烤盤內側，再用濾茶網均勻地篩灑糖粉。…ⓐ

2. 另取一深鍋，將★的所有材料（香草精除外）倒入鍋內，中火加熱。過程中不斷用打蛋器等攪拌，以免焦鍋。

3. 攪拌至變得黏稠、不易攪動後轉小火，繼續攪拌1分鐘再關火，加香草精，倒進烤盤內。…ⓑ

4. 烤盤不加蓋，以中小火加熱20～30分鐘。…ⓒ

5. 然後直接放涼，將烤盤倒扣於盤內，或是切成適當的大小分裝。擺盤時煎烤上色的那面朝上。

6. 放涼後吃，或是冷藏變得略硬後再吃都很美味。

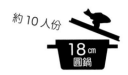

約10人份

18cm 圓鍋

桑格莉亞水果調酒
Sangria Punch

請盡可能選擇無農藥殘留或清洗乾淨的水果喔。
若將葡萄汁換成紅酒，立刻升級為成熟的大人風味！

ⓐ

ⓑ

ⓒ

（ 材料 ）

葡萄汁	500 ml
葡萄汽水	500 ml
蘋果	1/2個
柳橙	1個
藍莓	20粒左右
梨子、西瓜、鳳梨等個人喜愛的水果	2杯的量
檸檬汁	2小匙
丁香	4片
肉桂棒	1根

（ 作法 ）

1. 將所有的水果洗淨，瀝乾水分備用。

2. 蘋果切成扇形薄片。柳橙去皮，切成方便入口的大小。其他水果也切成方便入口的大小。若是比較大的水果，可用水果挖球器挖成圓球。⋯ⓐ

3. 葡萄汁、葡萄汽水、檸檬汁、丁香及肉桂棒倒入鍋中，稍微混拌。⋯ⓑ

4. 把②的水果全部加入鍋裡，輕輕拌合。⋯ⓒ

5. 蓋上鍋蓋，放進冰箱冷藏3小時～半天。

約6人份

14 cm
圓鍋

山藥咖啡雪酪
Chinese Yam Coffee Gelato

使用山藥製成的健康雪酪。
攪拌至柔軟滑順是美味的關鍵！

ⓐ

ⓑ

ⓒ

（材料）

山藥	100 g
鮮奶油	150 cc
蛋	1個
砂糖	60 g
濃縮咖啡液	50 cc
蘭姆酒	1小匙
香草精	4滴

（作法）

1　鮮奶油加30 g砂糖，打至九分發。…ⓐ

2　山藥去皮，切成適當的大小後，連同剩下的砂糖、蛋、濃縮咖啡液、蘭姆酒、香草精倒入鍋中，用手持式電動攪拌器攪打至柔滑狀。…ⓑ

3　加進①仔細拌勻，蓋上鍋蓋，放進冰箱冷凍。…ⓒ

4　2小時後取出，用湯匙大略翻攪，再放回冰箱。

5　④的步驟要再重複2次。

約6人份

14㎝
圓鍋

杏仁豆腐
Almond Pudding

牛奶搭配上鮮奶油的完美比例，讓這道甜點濃郁清爽。
裝進鑄鐵鍋冷藏凝固後，即可直接端上桌品嚐，相當方便。

ⓐ

ⓑ

ⓒ

（材料）

牛奶⋯⋯⋯⋯⋯⋯⋯⋯⋯ 400 cc
鮮奶油⋯⋯⋯⋯⋯⋯⋯⋯ 100 cc
杏仁霜⋯⋯⋯⋯⋯⋯⋯⋯⋯2大匙
砂糖⋯⋯⋯⋯⋯⋯⋯⋯⋯⋯ 25 g
吉利丁粉⋯⋯⋯⋯⋯⋯⋯⋯ 10 g
枸杞⋯⋯⋯⋯⋯⋯⋯⋯⋯⋯適量

（作法）

1. 吉利丁粉加入100 cc的牛奶泡脹。枸杞用熱水泡發後，擦乾水分⋯ⓐ
2. 杏仁霜、300 cc的牛奶、砂糖倒入鍋內，加熱溶解。⋯ⓑ
3. 關火，加進①與鮮奶油混拌。⋯ⓒ

4. 放涼後，將鍋子放進冰箱冷藏。
5. 吃之前灑上枸杞。

約2人份

11cm
橢圓鍋

莫吉托凍
Mojito Jelly

文豪海明威最愛的調酒！
由於含有一些酒精成分，是相當適合大人的成熟風味甜點。
嗜吃甜的人，只要稍微再加點糖漿即可。

ⓐ

ⓑ

ⓒ

（材料）

新鮮綠薄荷	適量
薄荷萊姆利口酒	100 ml
萊姆汁	1大匙
氣泡水	200 ml
水	20 cc
吉利丁粉	5 g
萊姆片	適量

（作法）

1. 薄荷葉洗淨，擦乾水分備用。…ⓐ
2. 將吉利丁粉與水倒入耐熱容器內，以不會沸騰的溫度加熱，使其完全溶解。
3. 接著加氣泡水和萊姆汁、薄荷萊姆利口酒混拌。…ⓑ
4. 把撕開的薄荷葉、萊姆片放進鍋中，舀入③。…ⓒ
5. 蓋上鍋蓋，放進冰箱冷藏凝固。
6. 可稍微攪碎，或是依自己喜歡的吃法品嚐。

約8人份

16cm
圓鍋

帕芙
Pavè

濃郁香甜的煉乳有股令人懷念的滋味。
在巴西，這是大人小孩都喜愛的人氣甜點。

ⓐ

ⓑ

ⓒ

（材料）

┌ 牛奶	·············	600 cc
★ 煉乳	·············	200 g
└ 玉米粉	·············	30 g
餅乾	····· 80 g	（約10片）
牛奶	·············	200 cc
切碎的白巧克力	·······	約40 g
蔓越莓乾	·············	2大匙
發泡奶油	·············	適量

（作法）

1. 將★的所有材料下鍋，以中火加熱。用木匙持續攪拌，使其變成黏稠的奶糊。

2. 關火，把2/3的奶糊倒入調理碗等容器，鍋中只留1/3的量。…ⓐ

3. 把餅乾泡牛奶，取其中一半的量鋪排在鍋內奶糊的上方。

4. 把碗裡的奶糊倒一半在③的上方，再依序擺上剩下的餅乾、奶糊。…ⓑ

5. 整平表面，蓋上鍋蓋，放進冰箱冷藏3小時至半天。

6. 用發泡奶油、切碎的白巧克力和蔓越莓乾裝飾表面。…ⓒ

7. 分裝至容器內。

約8人份
18cm 圓鍋

柚香豆腐起司蛋糕
Yuzu Ricotta Baked Tofu Cheese Cake

柚香豆腐起司蛋糕
添加大量豆腐,清爽健康低熱量。
愛吃甜的人,柚子茶醬的量可試著多放 10 g。

ⓐ

ⓑ

ⓒ

（材料）

嫩豆腐	150 g
瑞可達起司	150 g
原味優格	100 g
鮮奶油	50 cc
蛋	2個
柚子茶醬	100 g
白酒	1大匙
蜂蜜	3大匙
玉米粉	2大匙
低筋麵粉	4大匙

（作法）

1. 粉料（玉米粉、低筋麵粉）之外的所有材料混合,用手持式電動攪拌器攪打至柔滑狀。…ⓐ

2. 將玉米粉和低筋麵粉加進①裡,仔細拌勻。…ⓑ

3. 倒入鍋內,放進已預熱至170℃的烤箱烤20分鐘,再蓋上鍋蓋烤10分鐘。

4. 停止加熱,置於烤箱內3小時。

5. 從烤箱取出,另取3大匙柚子茶醬抹平於表面。柚子茶醬的柚皮絲用筷子攤開。…ⓒ

6. 放涼後,放進冰箱冷藏一晚。

約4人份

10 cm
圓鍋

Halo-halo 剉冰

Halo-halo

「Halo-halo」有把「東西混合在一起」的意思，是菲律賓的人氣冰品。
製作前先把鑄鐵鍋冰起來，過程中冰就不容易融化。

ⓐ

ⓑ

ⓒ

（材料）

清冰（市售）⋯⋯⋯⋯⋯⋯約300 g
寒天粉⋯⋯⋯⋯⋯⋯⋯⋯1/2小匙
水⋯⋯⋯⋯⋯⋯⋯⋯⋯⋯200 cc
紅豆罐頭⋯⋯⋯⋯⋯⋯⋯⋯100 g
玉米罐頭⋯⋯⋯⋯⋯⋯⋯⋯4大匙
椰果⋯⋯⋯⋯⋯⋯⋯⋯⋯⋯100 g
香芋冰淇淋⋯⋯⋯⋯⋯⋯⋯4匙
冷凍芒果塊⋯⋯⋯⋯⋯⋯⋯⋯1杯
煉乳⋯⋯⋯⋯⋯⋯⋯⋯⋯⋯4大匙

（作法）

① 先將鑄鐵鍋冷凍備用。

② 另取一鍋倒入水和寒天粉，加
熱溶解。過程中不時攪拌，煮
滾後等約1分鐘再關火。倒入
托盤等容器冷卻凝固。變硬後
切成骰子狀。⋯ⓐ

③ 把芒果、椰果及②各取一半的
量倒進①內。

④ 接著放上等量的清冰。⋯ⓑ

⑤ 將剩下的芒果、椰果、寒天凍
和紅豆、玉米、香芋冰淇淋擺
在④的上方。⋯ⓒ

⑥ 最後淋上煉乳即完成。

約6人份
14cm
圓鍋

牛奶冰淇淋
Milk Ice Cream

沒使用蛋卻有著濃郁香醇的滋味，
讓手作的天然風味在口中擴散開來。

ⓐ

ⓑ

ⓒ

（材料）

鮮奶油⋯⋯⋯⋯⋯⋯⋯⋯ 150 cc
煉乳⋯⋯⋯⋯⋯⋯⋯⋯⋯ 70 cc
牛奶⋯⋯⋯⋯⋯⋯⋯⋯⋯ 70 cc
蛋白⋯⋯⋯⋯⋯⋯⋯⋯2個的量
糖粉⋯⋯⋯⋯⋯⋯⋯⋯⋯3大匙

（作法）

1 蛋白加糖粉攪打成可拉出直立尖角的蛋白霜。⋯ⓐ

2 另取一碗，將鮮奶油打至八分發。

3 接著把煉乳與牛奶倒入②混拌。⋯ⓑ

4 把①的1/3加進③裡，用打蛋器拌勻。

5 剩下的①分2次加進④裡，過程中為避免蛋白霜消泡，稍微混拌就好。

6 將⑤倒入鍋內，放進冰箱冷凍。2小時後取出，用湯匙大略翻攪，再放回冰箱冷凍。這個步驟要重複2次。⋯ⓒ

冷熱都好吃的甜點

熱呼呼的甜點很好吃,
冰冰涼涼的吃又是另一番美味。
這單元的甜點可在剛出爐時趁熱享用,
吃不完的還可以和鍋子一起冷藏保存,
等充分冰過後再吃也十分美味喔!

約8人份

椰奶粉圓甜湯
Chè Tofu

這道使用椰奶與粉圓的越南人氣甜品，
另外加入了豆腐及地瓜，有助美容且極具飽足感。

ⓐ

ⓑ

ⓒ

（材料）

椰奶 ························· 250 cc
牛奶 ························· 250 cc
嫩豆腐 ······················ 200 g
砂糖 ·························· 50 g
香蕉 ·························· 1根
地瓜（已加熱） ·············· 中型1根
粉圓 ·························· 30 g

（作法）

① 將粉圓另外用大量的水泡一晚，隔天以網篩撈起。取一鍋倒入大量的水煮滾後，粉圓下鍋煮10分鐘，撈起泡冷水。…ⓐ

② 圓鍋內倒入椰奶、牛奶和砂糖，中火加熱到快煮滾，使砂糖完全溶解。

③ 接著加入去皮、切塊的地瓜。…ⓑ

④ 嫩豆腐用手大略掰碎，加進鍋內，加熱至快煮滾前關火。…ⓒ

⑤ 瀝乾粉圓的水分，倒入鍋中。

⑥ 香蕉去皮，切成方便入口的片狀，放進鍋內。

約6人份

17cm
橢圓鍋

黃桃奶油捲
Yellow Peach Okara Dappy

這是將英國的傳統點心「apple dappy（蘋果捲）」
改成用黃桃罐頭的版本。其中的豆渣還能幫助消化、有益健康喔。

ⓐ

ⓑ

ⓒ

（材料）

低筋麵粉	180 g
泡打粉	1小匙
砂糖	2大匙
鹽	1小撮
生豆渣	50 g
牛奶	60 ml
奶油	60 g
細砂糖	2大匙
黃桃罐頭	1罐（瀝掉糖水）
檸檬汁	1大匙
白酒	1大匙

（作法）

① 將黃桃切成2～3 cm的塊狀，和檸檬汁、白酒拌合。…ⓐ

② 低筋麵粉、泡打粉、砂糖、鹽倒入調理碗內混拌，再加置於室溫回軟的奶油，以指腹搓拌。

③ 搓拌成細沙粒狀後，加入生豆渣及牛奶，均勻混拌成團。

④ 取出麵團，放在灑了手粉的平台上，用擀麵棍擀成長方形。把①鋪平於中央。…ⓑ

⑤ 將麵團從靠近自己的那一側向前捲成條狀，切成6等分。橫切面朝上，緊密地排在鍋內。…ⓒ

⑥ 表面灑上細砂糖，不蓋鍋蓋，放進已預熱至200℃的烤箱烤25分鐘。

約6人份

小長方形鍋

蜂蜜起司蛋糕
Honey Gorgonzola Cheese Cake

這款蛋糕口感柔軟，藍紋起司的濃郁風味格外明顯。
放置一晚即可充分入味，搭配葡萄酒也相當適合。

ⓐ

ⓑ

ⓒ

（材料）

古岡左拉起司	80 g
奶油起司	200 g
無糖煉乳	100 cc
蛋	2個
蜂蜜	6大匙
低筋麵粉	40 g

（作法）

① 將古岡左拉起司、奶油起司、無糖煉乳、蛋、蜂蜜倒入鍋中，用手持式電動攪拌器攪打至柔滑狀。…ⓐ

② 加入低筋麵粉，繼續攪拌。…ⓑ

③ 在27 cm的橢圓鍋倒入高約3 cm的水，開火煮滾。用鋁箔紙代替鍋蓋，包覆②的表面，放進滾水中。…ⓒ

④ 蓋上橢圓鍋的鍋蓋，以小火加熱25分鐘。關火後，不掀蓋靜置30分鐘。

⑤ 拿掉小長方形鍋的鋁箔紙，加蓋放進冰箱冷藏一晚。

約6人份

14cm
圓鍋

香炒黃豆豆渣布朗尼
Yellow Peach Okara Dappy

潤口厚實的豆渣布朗尼搭配
大量的香炒黃豆，滿足甜點的胃且營養滿分！

ⓐ

ⓑ

ⓒ

（材料）

低筋麵粉⋯⋯⋯⋯⋯⋯⋯⋯100 g
泡打粉⋯⋯⋯⋯⋯⋯⋯⋯⋯1小匙
生豆渣⋯⋯⋯⋯⋯⋯⋯⋯⋯50 g
無鹽奶油⋯⋯⋯⋯⋯⋯⋯⋯50 g
蛋⋯⋯⋯⋯⋯⋯⋯⋯⋯⋯⋯2個
三溫糖（可用二砂代替）
⋯⋯⋯⋯⋯⋯⋯⋯⋯⋯⋯⋯50 g
低筋麵粉⋯⋯⋯⋯⋯⋯⋯⋯50 g
純可可粉⋯⋯⋯⋯⋯⋯⋯⋯30 g
黑巧克力⋯⋯⋯⋯⋯⋯⋯⋯50 g
白巧克力⋯⋯⋯⋯⋯⋯⋯⋯50 g
炒過的黃豆⋯⋯⋯⋯⋯⋯⋯1/2杯
蘭姆酒⋯⋯⋯⋯⋯⋯⋯⋯⋯1大匙

（作法）

① 將切碎的黑巧克力、無鹽奶油
倒入耐熱容器，隔水加熱使其
完全溶解。

② 三溫糖和蛋倒入碗內攪勻。

③ ②與①、生豆渣、蘭姆酒均勻
拌合。⋯ⓐ

④ 接著把已混合且過篩的低筋麵
粉、泡打粉以及純可可粉加入
③混拌，再加入略為切碎的白
巧克力，用橡皮刮刀大略混
拌。⋯ⓑ

⑤ 把④倒入圓鍋內，整平表面。
將炒過的黃豆均勻地灑在表
面。⋯ⓒ

⑥ 放進已預熱至180℃的烤箱烤
30分鐘。過程中若表面呈現焦
黃，請蓋上鍋蓋。

約8人份

16cm 圓鍋

焦糖奶凍
Crema Catalana

這道來自西班牙的甜點據說是焦糖布丁的起源，
只要一只鑄鐵鍋，就能完成這道大家都愛的異國風味！

ⓐ

ⓑ

ⓒ

（材料）

蛋黃	4個
砂糖	90 g
橙皮屑	1大匙
牛奶	300 ml
鮮奶油	200 ml
玉米粉	20 g
香橙干邑甜酒（Grand Marnier）	1小匙
肉桂粉	少許

（作法）

① 在圓鍋內倒入蛋黃和砂糖，用打蛋器攪拌至變白的狀態後，加進玉米粉混拌。…ⓐ

② 接著把橙皮屑、肉桂粉加入①拌合，再倒入牛奶邊攪拌邊以中小火加熱。…ⓑ

③ 把香橙干邑甜酒及鮮奶油倒入②，以小火加熱直到變得黏稠。為避免焦鍋，過程中不時用木匙攪拌鍋底。…ⓒ

④ 放涼後蓋上鍋蓋，放進冰箱冷藏3小時～半天。

⑤ 冷卻後從冰箱取出，在表面灑上細砂糖或粗紅糖（材料份量外），放進烤箱或用瓦斯噴槍炙烤，使其焦糖化。

約8人份

17cm
橢圓鍋

芒果椰汁糯米飯
Mango & Coconut Sweet Rice

以椰奶炊煮而成的香甜糯米飯與芒果堪稱絕配，
飽足香甜的口感，成為正餐也很合適，在泰國是高人氣的國民小吃。

ⓐ

ⓑ

ⓒ

（材料）

芒果罐頭 ……………………………1罐
糯米 ……………………………………2杯
椰奶粉 …………………………………4大匙
┌ 水 …………………………… 120 ml
★│ 砂糖 ………………………………6大匙
　│ 椰奶粉 ……………………………6大匙
└ 鹽 ………………………………2小撮

（作法）

① 糯米洗淨後用網篩撈起，在橢圓鍋內倒入等量的水（材料份量外）、4大匙椰奶粉，蓋上鍋蓋以中火加熱。…ⓐ

② 煮滾後把火轉小，繼續加熱5分鐘，然後關火，靜置燜蒸15分鐘。

③ ★的所有材料倒入耐熱容器，微波加熱。

④ 將③加進②裡混拌，蓋上鍋蓋再燜5分鐘。…ⓑⓒ

⑤ 倒掉芒果罐頭的糖水。

⑥ 掀開鍋蓋，擺上芒果。依個人喜好另外淋上少量的煉乳。

約6人份

14cm 圓鍋

豆渣優格舒芙蕾
Okara Yogurt Soufflè

優格不需另外瀝乾水分，
即可輕鬆製作無油健康的舒芙蕾蛋糕！

ⓐ

ⓑ

ⓒ

（材料）

原味優格	250 g
低筋麵粉	30 g
生豆渣	30 g
泡打粉	1/2小匙
★ 蛋白	2個的量
砂糖	20 g
◎ 蛋黃	2個
砂糖	30 g
蜂蜜	20 g
檸檬汁	1大匙
白酒	1大匙

（作法）

① 將低筋麵粉和泡打粉混合、過篩。在烤盤內加水，烤箱預熱至170℃。

② ★的蛋白倒入調理碗打至五分發，加砂糖繼續攪拌成可拉出直立尖角的蛋白霜後，把碗放進冰箱冷藏備用。…ⓐ

③ 另取一碗倒入◎的蛋黃和砂糖，用打蛋器攪拌至變得黏稠。接著加入生豆渣、蜂蜜、優格、檸檬汁和白酒拌勻。…ⓑ

④ 把①的粉料的1/2加進③裡拌合，再加1/2的蛋白霜拌勻。…ⓒ

⑤ 將剩下的粉料與蛋白霜加入④大略混拌，倒進圓鍋。

⑥ 不蓋鍋蓋，放進已預熱至170℃的烤箱，隔水烤30分鐘。烤好後分裝至容器，放進冰箱冷藏一晚還是很好吃。

約4人份

10cm 圓鍋

卡士達蛋酒
Custard Eggnog

添加大量蘭姆酒的成熟風味甜點，
在寒冷的季節吃了全身暖呼呼！

ⓐ

ⓑ

ⓒ

（材料）

牛奶 …………………………… 500 cc
鮮奶油 ………………………… 200 cc
蛋黃 …………………………… 3個
砂糖 …………………………… 1/3杯
黑蘭姆酒（dark rum）……… 100 cc
肉豆蔻粉 ……………………… 適量

（作法）

① 蛋黃和砂糖倒入調理碗內，攪打約5分鐘使其變得黏稠。再加200 cc的牛奶混拌。…ⓐ

② 將剩下的300 cc牛奶倒入鍋中，快要煮滾前關火。

③ 把①和100 cc的鮮奶油加進②裡，以小火加熱，不斷攪拌直到變稠。…ⓑ

④ 倒入黑蘭姆酒混拌。…ⓒ

⑤ 剩下的100cc鮮奶油打至九分發。

⑥ 把④等量分裝，輕輕在表面放上⑤、灑上肉豆蔻粉。

約6人份

14cm 圓鍋

海綿蛋糕
Pāo-de-lé

十六世紀由葡萄牙引進日本的點心，據稱是日本知名蜂蜜蛋糕的起源。
雞蛋是決定風味的關鍵，記得選用新鮮優質的蛋喔！

ⓐ

ⓑ

ⓒ

（材料）

蛋 ……………………………1個
蛋黃 …………………………4個
砂糖 ………………………… 60 g
低筋麵粉 …………………… 25 g
白蘭地 ………………………1小匙

（作法）

① 將全蛋、蛋黃和砂糖倒入調理碗內用打蛋器打發，過程中以隔水加熱的方式保持在40℃左右的溫度。…ⓐ

② 以打蛋器撈起蛋糊，若呈現緞帶狀落下，痕跡沒有馬上消失，再加白蘭地繼續混拌。…ⓑ

③ 接著加入已過篩的低筋麵粉，攪拌至沒有粉粒。…ⓒ

④ 麵糊倒入鍋中，不蓋鍋蓋，放進已預熱至180℃的烤箱烤15分鐘。

⑤ 從烤箱取出後放涼。待中央凹陷、完全變冷後分裝至容器內。

⑥ 不打算立刻吃或沒吃完的話，可加蓋放進冰箱冷藏。因為是「半熟蛋糕」，建議最好隔天午前吃完。

約6人份

16cm
圓鍋

肉桂米麵包捲
Rice Flour Tofu Cinnamon Rolls

添加米粉、省略發酵過程的速成米麵包。
鍋內鋪入烤盤紙，烤好後直接取出盛盤也很可愛。

ⓐ

ⓑ

ⓒ

（ 材料 ）

★	高筋麵粉	100 g
	米粉	50 g
	泡打粉	1小匙
	砂糖	1大匙
	鹽	1小撮

嫩豆腐……………………150 g
澄清奶油（無鹽）……………1大匙

◎ ┌ 肉桂粉……………………1小匙
　 └ 細砂糖……………………1大匙

◆ ┌ 糖粉……………………3大匙
　 └ 水……………………1小匙多一點

（ 作法 ）

① ★的所有材料混合、過篩。
　 ◎的材料倒入另一容器混合備用。

② 將退冰的嫩豆腐放進調理碗，用打蛋器打至柔滑狀，再加入澄清奶油拌合。

③ 接著加入★，混拌成團。…ⓐ

④ 把③放在灑了手粉的砧板上，壓平成長方形，均勻地灑上◎。從靠近自己的那一側向前捲起，自邊端切成6等分。…ⓑ

⑤ 把④切面朝上，排放在已鋪有烤盤紙的鍋內，放進烤箱用190℃烤20分鐘。

⑥ 取出烤箱後，趁熱在表面澆淋用◆混拌而成的糖霜。…ⓒ

約8人份

17cm 橢圓鍋

橘子果醬巧克力蛋糕
Tofu Marmalade Chocolate Cake

滋味濃醇，完全吃不出加了豆腐。
蓋上鍋蓋放涼後，口感變得細緻綿密。

ⓐ

ⓑ

ⓒ

（材料）

嫩豆腐	150 g
低筋麵粉	120 g
泡打粉	2小匙
黑巧克力	170 g
無鹽奶油	100 g
砂糖	40 g
橘子果醬	50 g
蛋	2個
白蘭地	1大匙

（作法）

① 將退冰的蛋及嫩豆腐倒入調理碗內，混拌至柔滑狀。

② 橢圓鍋放到爐上加熱，變熱後關火，倒入橘子果醬、切碎的黑巧克力、奶油、砂糖和白蘭地，利用鍋內餘溫融化這些材料。若只靠餘溫無法完全融解，可用微火加熱，過程中請留意不要焦鍋。…ⓐ

③ 把①少量地加進②裡拌合。…ⓑ

④ 接著加入已混合過篩的低筋麵粉和泡打粉，用小一點的打蛋器混拌。…ⓒ

⑤ 不蓋鍋蓋，放進已預熱至180℃的烤箱烤40分鐘。

⑥ 從烤箱取出，加蓋放涼，再放進冰箱冷藏一晚。

約6人份

14 cm 圓鍋

西米布丁
Tapioca Pudding

西米露不需預煮，直接用鑄鐵鍋進行調理。
甜味溫順，在美國是大人小孩都愛的人氣甜點。

　　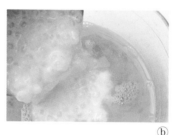　　

ⓐ　　　　　ⓑ　　　　　ⓒ

（材料）

西米露⋯⋯⋯⋯⋯⋯⋯⋯1/3杯
牛奶⋯⋯⋯⋯⋯⋯⋯⋯⋯2杯
水⋯⋯⋯⋯⋯⋯⋯⋯⋯50 cc
砂糖⋯⋯⋯⋯⋯⋯⋯⋯⋯1/4杯
蛋⋯⋯⋯⋯⋯⋯⋯⋯⋯⋯1個
鹽⋯⋯⋯⋯⋯⋯⋯⋯⋯1小撮
香草精⋯⋯⋯⋯⋯⋯⋯2～3滴
肉桂粉⋯⋯⋯依個人喜好酌量添加

（作法）

① 西米露、牛奶和鹽下鍋，以中火加熱。

② 煮滾後把火轉小，加熱1分鐘，蓋上鍋蓋、關火，靜置15分鐘。

③ 接著再倒水，重新加熱，倒入砂糖拌勻。等到砂糖完全溶解便可關火。⋯ⓐ

④ 另取一碗打蛋，加進1杯的②混拌。拌勻後再加1/2杯的②拌合。⋯ⓑ

⑤ 把④慢慢地倒回③裡，整鍋均勻攪拌。加熱至快煮滾前，邊加熱邊攪拌鍋底，直到變得黏稠。關火，加香草精大略混拌，蓋上鍋蓋燜10分鐘。⋯ⓒ

⑥ 分裝至容器內，依個人喜好灑上肉桂粉。

約8人份

16cm圓鍋

鹽麴燉黑豆黑糖煮
Simmered Sweet Black Beans

需要長時間燉煮的料理也是鑄鐵鍋的拿手項目。
搭配上日本最受歡迎的鹽麴，鬆軟黑豆散發的黑糖甜香十分吸引人。

ⓐ

ⓑ

ⓒ

（材料）

乾燥黑豆 ……………………… 150 g
黑糖 ………………………………… 60 g
鹽麴 …………………………………… 1小匙

（作法）

① 用圓鍋煮一大鍋水（材料份量外），倒入黑豆、蓋上鍋蓋，靜置6小時以上。…ⓐ

② 用網篩撈起黑豆，瀝乾水分。…ⓑ

③ 將黑豆重新倒回鍋內，加入蓋過表面的水，煮至滾沸。煮滾後轉小火，蓋上鍋蓋加熱40分鐘。

④ 加些冷水降溫，順便加黑糖混拌，蓋上鍋蓋加熱20分鐘。關火，整鍋靜置30分鐘。…ⓒ

⑤ 舀入鹽麴，大略混拌，稍微滾一下後關火，以不掀蓋的狀態放涼。

⑥ 分裝至容器內。

約8人份

16cm 圓鍋

香蕉克拉芙堤
Banana Tofu Clafoutis

鮮奶油減量後用豆腐做出輕盈口感，
用其他喜歡的水果取代香蕉一樣好吃喔！

ⓐ

ⓑ

ⓒ

（材料）

低筋麵粉 ……………………………… 25 g
杏仁粉 ………………………………… 25 g

★
砂糖	80 g
嫩豆腐	200 g
鮮奶油	100 cc
蛋	3個
白酒	2小匙
檸檬汁	1小匙

香蕉（大）………………………………1根
糖粉……依個人口味喜好酌量添加

（作法）

① 低筋麵粉與杏仁粉混合、過篩備用。

② 將★的所有材料和1/2根香蕉放入鍋內，用手持式電動攪拌器攪打至柔滑狀。…ⓐ

③ 把①加進②裡拌勻。…ⓑ

④ 不蓋鍋蓋，放進已預熱至170℃的烤箱烤30分鐘。烤了15分鐘後先取出，將剩下的香蕉切片擺上，再放回烤箱繼續烤。…ⓒ

⑤ 烤好後不馬上吃的話，放涼後加蓋使其完全變冷。

⑥ 也可依個人喜好在表面灑上適量糖粉。

約 6 人份

14 cm 圓鍋

甜酒南瓜湯
Amazake Pumpkin Soup

充分發揮甜酒釀與南瓜的自然甜味。
營養豐富又具整腸作用，還有美膚效果。

ⓐ

ⓑ

ⓒ

（材料）

南瓜（去皮與籽）⋯⋯⋯⋯⋯⋯ 250 g
水 ⋯⋯⋯⋯⋯⋯⋯⋯⋯⋯⋯ 100 ml
甜酒釀⋯⋯⋯⋯⋯⋯⋯⋯⋯⋯ 350 ml
豆漿（或牛奶）⋯⋯⋯⋯⋯⋯ 200 ml
鹽 ⋯⋯⋯⋯⋯⋯⋯⋯⋯⋯⋯⋯1小撮
紅豆罐頭⋯⋯⋯⋯⋯⋯⋯⋯⋯4大匙

（作法）

① 把切成小塊的南瓜、水和甜酒釀一起下鍋，蓋上鍋蓋，以小火加熱。⋯ⓐ

② 煮到南瓜變軟後關火，用手持式電動攪拌器攪打至柔滑狀。⋯ⓑ

③ 接著加豆漿、鹽，再以小火加熱，快煮滾前關火。

④ 想要趁熱吃的話，等量倒入容器內，擺上紅豆。⋯ⓒ

⑤ 想冰過再吃的話，蓋上鍋蓋，變涼後放進冰箱冷藏。吃的時候也是等量倒入容器內，擺上紅豆。

【Gooday 06】 MG0006

用小鑄鐵鍋做甜點：蛋糕、麵包、布丁到甜湯
STAUB 小鍋陪你做美味甜點，一人一鍋輕鬆上桌

ストウブでデザートつくりました
保温・保冷力を使ってもっと美味しくなる

作　　者　鈴木理惠子
譯　　者　連雪雅
美術設計　走路花工作室
總 編 輯　郭寶秀
主　　編　李雅鈴
責任編輯　周奕君
行銷企劃　李品宜
行銷業務　力宏勳
發 行 人　涂玉雲
出　　版　馬可孛羅文化
　　　　　104 台北市民生東路 2 段 141 號 5 樓
　　　　　電話：02-25007696
發　　行　英屬蓋曼群島商家庭傳媒股份有限公司城邦分公司
　　　　　台北市中山區民生東路二段 141 號 2 樓
　　　　　客服服務專線：(886)2-25007718; 25007719
　　　　　24 小時傳真專線：(886)2-25001990; 25001991
　　　　　服務時間：週一至週五 9:00 ～ 12:00；13:00 ～ 17:00
　　　　　劃撥帳號：19863813　戶名：書虫股份有限公司
　　　　　讀者服務信箱：service@readingclub.com.tw
香港發行所　城邦（香港）出版集團有限公司
　　　　　香港灣仔駱克道 193 號東超商業中心 1 樓
　　　　　電話：（852）25086231 傳真：（852）25789337
　　　　　E-mail：hkcite@biznetvigator.com
馬新發行所　城邦（馬新）出版集團
　　　　　Cite (M) Sdn. Bhd.(458372U)
　　　　　11 Jalan 30D/146, Desa Tasik, Sungai Besi,
　　　　　57000 Kuala Lumpur, Malaysia
　　　　　電話：（603）90563833 傳真：（603）90562833
輸出印刷　中原造像股份有限公司
初版一刷　2015 年 7 月
定　　價　360 元（如有缺頁或破損請寄回更換）

國家圖書館出版品預行編目 (CIP) 資料

用小鑄鐵鍋做甜點：蛋糕、麵包、布丁到甜湯
STAUB 小鍋陪你做美味甜點，一人一鍋輕鬆上桌 /
鈴木理惠子著；連雪雅譯 . -- 初版 . -- 臺北市：馬可
孛羅文化出版：家庭傳媒城邦分公司發行 , 2015.07
　面；　公分
ISBN 978-986-5722-56-2(平裝)

1. 點心食譜

427.16　　　　　　　　　　　　　　　　104008291

STAUB DE DESSERT TSUKURIMASHITA by Rieko Suzuki
Copyright © 2014 by Rieko Suzuki
All rights reserved.
Original Japanese edition published by Seibundo Shinkosha Publishing Co., Ltd.

This Traditional Chinese language edition is published by arrangement with
Seibundo Shinkosha Publishing Co., Ltd., Tokyo in care of Tuttle-Mori Agency, Inc.,
Tokyo through BARDON-CHINESE MEDIA AGENCY, Taipei.